Mulţumită Speciale meu minunat, incredibil, uimitoare si sotia iubitoare Carol! Suportul dvs. şi încredere în mine şi prezenţa ta de mine de când am fost copii este mai de pret decat mi-I pot exprima.

Cuvintele şi ilustraţii de

Michael Richard Craig.

1   2

5   6

9

3   4

7   8

10

O
Singură
1
Prostie
Fata

Două

2

Stupid
Feţele

Trei

3

Stupid

Feţele

Patru

4

Stupid
Feţele

Cinci

5

Stupid

Feţele

Șase

6

Stupid
Fețele

Sapte

7

Stupid

Feţele

Opt
8
Stupid
Feţele

Noua

9

Stupid

Feţele

Zece

10

Prostie

Feţele

1

2

3

4

5

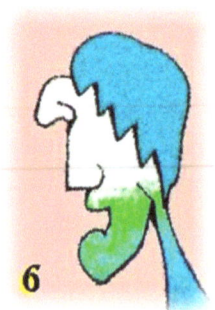

6

7

8

9

10

Sfârșitul.

Treaba

Buna!

Aceste chipuri sunt din colecția

"De Mai multe chipuri de Michael Richard Craig"

Aceasta este prima în a zece volume set

de numărare prostie fețe pentru o sută.

Nobodiesinc@yahoo.com

TeeGeeBeeTeeGee

www.ingramcontent.com/pod-product-compliance
Lightning Source LLC
Chambersburg PA
CBHW041133200526
45172CB00018B/332